Ernst Probst / Raymund Windolf

Ohmdenosaurus

Die Echse aus Ohmden

Widmung

Dr. Rupert Wild gewidmet,
der bei der Entstehung der Bücher
„Deutschland in der Urzeit" (1986) und
„Dinosaurier in Deutschland" (1993)
wertvolle Hilfe geleistet hat!

Verlag:
Ernst Probst
Im See 11, 55246 Mainz-Kostheim
Telefon: 06134/21152
E-Mail: ernst.probst (at) gmx.de
ISBN: 978-3-384-45128-6

Herstellung: Tredition GmbH, Ahrensburg

Lebensbild des Dinosauriers Ohmdenosaurus liasicus.
Bild: Ausschnitt aus einem Gemälde von Mario Kessler
für das Buch „Dinosaurier in Deutschland“ (1993)
von Ernst Probst und Raymund Windolf (1953–2010).
Bild: Mario Kessler Graphik Design & Illustration Studio,
Schondorf am Ammersee, www.studio-mario-kessler.de

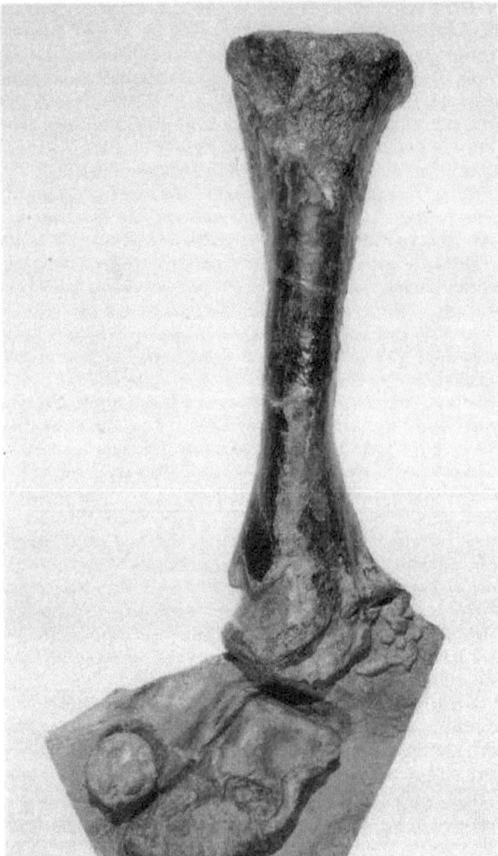

Dinosaurier Ohmdenosaurus liasicus:
Rechtes Schienbein eines urtümlichen Sauropoden von etwa 4 Metern Länge aus dem Schwarzjura von Ohmden in Württemberg.
Foto: Staatliches Museum für Naturkunde, Stuttgart
Fotograf: Hans Lumpe

Vorwort

Im „Urwelt-Museum Hauff“ in Holzmaden (Baden-Württemberg) war zeitweise in einer Vitrine ein Fossil zu sehen, bei dem es sich um den Oberarm eines im Meer lebenden Plesiosauriers handeln sollte. Doch der Stuttgarter Wirbeltierpaläontologe Rupert Wild identifizierte in den 1970er Jahren diesen Fund aus einem Steinbruch in Ohmden als Teil des rechten Hinterbeines eines auf dem Land lebenden Dinosauriers. 1978 gab er diesem Fossil den wissenschaftlichen Namen *Ohmdenosaurus*. Diese Geschichte wird in dem Buch „Ohmdenosaurus: Die Echse aus Ohmden“ erzählt. Verfasser sind der Wissenschaftsautor Ernst Probst und der Paläontologe Raymund Windolf (1953–2010). Die beiden haben 1993 das Buch „Dinosaurier in Deutschland“ veröffentlicht, aus dem teilweise der Text über *Ohmdenosaurus* stammt. Hinzu gekommen sind Kapitel über das „Urwelt-Museum Hauff“ in Holzmaden sowie über den Stuttgarter Paläontologen Dr. Rupert Wild und den Kulmbacher Kunstmaler Max Wild (1911–2000).

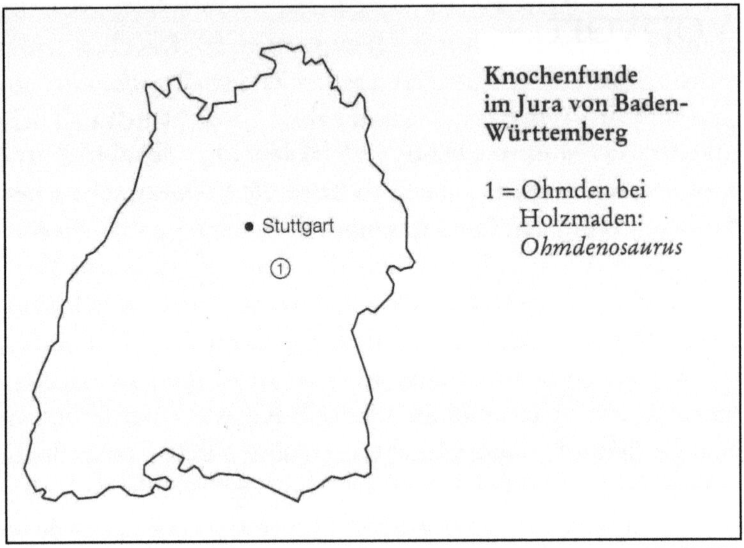

Karte aus dem Buch „Dinosaurier in Deutschland" (1993) von Ernst Probst und Raymund Windolf (1953–2010)

Inhalt

Fossiliensucher in einem Schieferbruch von Holzmaden.
Foto: Richard Mayer / https://web.archive.org/web20161012004400/http://www.panoramio.com/photo/5238921 /
CC BY 3.0 (via Wikimedia Commons),
lizensiert unter Creative Commons-Lizenz by-sa-3.0-de, https://creativecommons.org/licenses/by/3.0/legalcode.de

Ohmdenosaurus

Die Echse aus Ohmden

Am Fuße des Aichelberges an der Autobahn Stuttgart–München wird der Autofahrer von einem stilisierten Meereskrokodil auf einer großen Tafel zu einem Besuch der „Urweltfunde Holzmaden“ eingeladen. Der Abstecher lohnt sich, denn das Gebiet um Holzmaden, Ohmden, Zell und Bad Boll in Württemberg kann mit weltberühmten Funden aus dem Schwarzen Jura aufwarten, einer Zeit, die etwa 190 Millionen Jahre zurückliegt. Eingebettet in dunkle Schieferplatten, die hier abgebaut und vielfältig wirtschaftlich verwendet werden, findet man dort noch heute immer wieder hervorragend erhaltene fossile Meerestiere – Zeugen für jenen geologischen Zeitabschnitt, in dem hier langstielige Seelilien, gefräßige Fischsaurier, Meereskrokodile und eine Vielzahl anderer Tiere und Pflanzen lebten. Wesentlich seltener als Vertreter der Meeresfauna aus der Unterjurazeit findet man tierische Reste, die vom weiter entfernt gelegenen Festland stammen müssen. Sind schon Flugsaurier, die etwa bei Stürmen ins Meer geweht worden sind, rare Fundstücke, so kann man Dinosaurierfunde noch viel weniger erwarten, sie müssen zu den sehr seltenen Ausnahmefällen gezählt werden. Umso erstaunlicher ist es, dass gerade hier aus dem marinen Milieu ein Dinosaurierfragment überraschende Einblicke in die frühe Entwicklungsgeschichte der großen pflanzenfressenden Echsenbeckendinosaurier (Sauropoden) gibt.

Gut erhaltene Funde dieses so fossilträchtigen württembergischen Landstriches sind seit den 1930er Jahren im Museum

Lebensbild von Plesiosauriern.
Zeichnung: Max Wild (1911–2000),
Archiv Ernst Probst

Hauff zu sehen, das 1971 modernisiert und 1993 durch einen Anbau vergrößert wurde. In einer der Glasvitrinen dieses Museums wurde ein Fossil ausgestellt, auf dessen Etikett „Oberarmknochen eines Plesiosauriers“ zu lesen war. Plesiosaurier sind wegen ihres oft langen Halses und der zu Schwimmpaddeln umgewandelten Extremitäten neben den Fischsauriern typische Meeresbewohner der Jurazeit. Wer hätte also an der richtigen Zuordnung dieses Fundes aus dieser Gegend zweifeln sollen? Es bedurfte schon des kritischen und geschulten Auges eines auf fossile Reptilien spezialisierten Paläontologen, der erkannte, dass diese dunklen Knochen keineswegs zu einem Meeresreptil, sondern zu einem landbewohnenden Dinosaurier gehörten.

Dr. Rupert Wild vom Naturkundemuseum in Stuttgart gebührt das Verdienst, in den 1970er Jahren bei einem seiner Besuche im Grabungsschutzgebiet Holzmaden im Museum Hauff erkannt zu haben, dass der vermeintliche Plesiosaurieroberarmknochen in Wirklichkeit der Teil des rechten Hinterbeines eines Dinosauriers war. Das Fossil bestand aus dem innen liegenden Unterschenkelknochen, dem Schienbein und Teilen der Fußwurzel.

Rupert Wild stand nun vor der schwierigen Aufgabe, aus dem unvollständig erhaltenen Hinterbein des Dinosauriers Schlüsse auf die Gattung oder Art und auf das Aussehen des lebenden Tieres zu ziehen. Er musste das Tier verwandtschaftlich einordnen und die Frage zu beantworten suchen, wie dieses Hinterbeinfragment in das Meer gelangt war. Die wissenschaftlichen Recherchen lohnten sich in diesem Fall ganz besonders, da aus dem Oberen Lias – abgesehen von dem fraglichen Wirbel des Raubdinosauriers *Megalosaurus* bei Ahrensburg – bisher noch keine Dinosaurier aus Deutschland bekannt waren.

Lebensbild des Flugsauriers Dorygnathus aus der Unterjurazeit.
Zeichnung: Dmitry Bogdavov / CC BY-SA 3.0
(via Wikimedia Commons),
lizensiert unter Creative Commons-Lizenz by-sa-3.0,
https://creativecommons.org/licenses/by-sa/3.0/legalcode

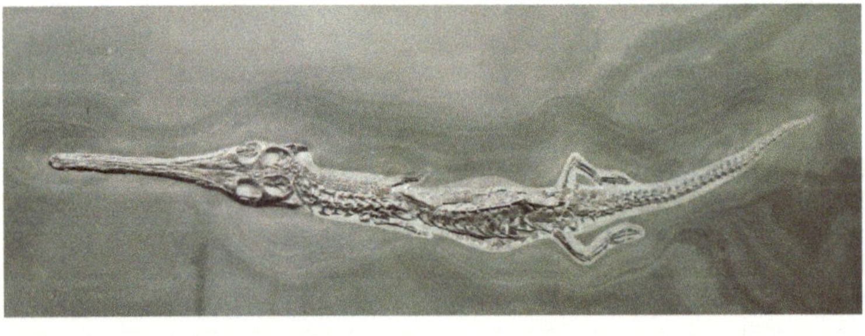

Meereskrokodil Pelagosaurus im „Urwelt-Museum Hauff", Holzmaden.
Foto: Ghedoghedo (/ CC BY-SA 3.0 (via Wikimedia Commons),
lizensiert unter Creative Commons-Lizenz by-sa-3.0,
https://creativecommons.org/licenses/by-sa/3.0/legalcode

Erste Hinweise auf das Alter der unerwarteten Entdeckung lieferte das Gestein, das unten an der Fußwurzel hing. Es ist ein grauschwarzer sogenannter Posidonienschiefer, in dem Rupert Wild viele kleine Fischreste entdeckte, mit deren Hilfe er das Alter des Gesteines bestimmen konnte. Es ließ sich mit dem oberen Bereich des Schwarzen Jura (auch Unterer Schiefer genannt) und etwa 190 Millionen Jahren festlegen. Zu diesem geologischen Zeitpunkt findet man selten Wirbeltiere wie das Meereskrokodil *Pelagosaurus* oder den Flugsaurier *Dorygnathus,* wobei Meereskrokodile und Plesiosaurier ab dieser Schicht zum erstenmal auftauchen. Wie aber kam nun dieser Rest eines landbewohnenden Dinosauriers in den von Meerestieren und -pflanzen beherrschten Posidonienschiefer, in dem sich die Überreste mariner Fauna und Flora abgelagert haben? In Holzmaden und in der Gemeinde Ohmden, in der einer der alten, inzwischen zugeschütteten Schieferbrüche den Dinosaurierfund beherbergt hatte, waren schon früher Zweige und Äste von Cycadeen (Pflanzen aus der Gruppe der Nacktsamer, auch „Palmfarne" genannt), Schachtelhalme und sogar bis zu 10 Meter lange Stämme von Nadelbäumen (Koniferen) gefunden worden: Beweise dafür, dass das Gebiet zur Zeit des Unterlias in Landnähe gelegen haben musste. Wo genau aber befand sich damals die Küste, und welchen Weg hatte der Knochen bis hierher zum Fundort zurückgelegt?

Bei der genauen Untersuchung des Knochens fiel Rupert Wild eine Besonderheit auf, die einen Ansatz zur Lösung der Frage nach der Herkunft des Knochens zu geben versprach. Jeweils am unteren und am oberen Ende des Schienbeines waren zwei Gruben (Aushöhlungen) zu sehen, die der Fachmann als Korrosionskonkavitäten bezeichnet. Sie konnten nur entstehen, wenn der Knochen längere Zeit der Erosion, also der Wirkung von Wind und Sand, Temperaturunterschieden und Niederschlägen ausgesetzt war. Da sich diese Erosionsaushöhlungen jeweils nur am oberen und unteren Ende des Schienbeinknochens finden ließen, schloss der Stuttgarter Paläontologe, dass der Knochen wahrscheinlich für einige Zeit im Schlamm oder im Sand so eingebettet lag, dass er zwar seitlich vom Sediment umschlossen wurde, die freiliegenden Gelenkenden aber der zerstörerischen Witterung preisgegeben waren. Theoretisch hätten die Erosionsmarken auch unter Wasser entstehen können. Da aber bisher weder bei einem Land- noch bei einem Meereswirbeltier aus den Posidonienschiefern Mitteleuropas derartiges beobachtet werden konnte und außerdem bekannt ist, dass damals direkt über dem Meeresboden so gut wie keine kräftigen Strömungen herrschten, kann man davon ausgehen, dass die Erosionsmarken an Land entstanden sind. Als der nach seinem Fundort 1978 von Dr. Wild *Ohmdenosaurus* benannte Dinosaurier starb, wurde sein Kadaver wahrscheinlich im Bereich eines Flussdeltas an die Küste transportiert, und dort könnten sich Fleisch- bzw. Aasfresser seiner bemächtigt haben. Da das rechte Hinterbein doch von beachtlichem Gewicht gewesen sein muss, konnten dies keine kleinen Tiere bewerkstelligt haben, es mussten mindestens größere Plesiosaurier oder kräftige Meereskrokodile gewesen sein, die das Hinterbein samt anhaftendem Fleisch verschleppten. Da die nächste Küstenlinie nach geologischen Erkenntnissen immerhin etwa 100 Kilometer entfernt südöstlich von Holzmaden lag, hat der Knochen eine lange Reise unternommen.

Irgendwo im Meer sank das abgefressene Hinterbein, noch durch Sehnen zusammengehalten, auf den Meeresboden. Die restlichen Weichteile faulten weg, wobei auch die fleisch- und aasfressende Schnecke *Coelodiscus,* die fossil im Gestein am Knochen gefunden wurde, Fleischreste mit ihrer rauen Zunge

(Radula) abgeraspelt haben dürfte. Ohne den Zusammenhalt durch Fleisch und Sehnen zerfiel das Hinterbein endlich ganz, Wadenbein und Zehenknochen lösten sich ab, Schienbein und Fußwurzelknochen aber wurden im Sediment eingebettet und konnten so im Laufe der Jahrmillionen fossil werden.
Was für eine Art von Dinosaurier war nun *Ohmdenosaurus liasicus*? Es ist ein glücklicher Zufall, dass gerade Teile des Fußgelenks von *Ohmdenosaurus* erhalten geblieben sind, denn an ihnen lassen sich Informationen über die Identität und Verwandtschaftsbeziehungen dieses Dinosauriers ablesen. Rupert Wild kam nach seinen vergleichenden Untersuchungen zu dem Schluss, dass *Ohmdenosaurus* ein Echsenbeckendinosaurier (Saurischier) und, genauer noch, ein Elefantenfußdinosaurier (Sauropode) war, ein geologisch sehr alter Vorläufer jenes späteren Riesengeschlechtes unter den Dinosauriern, das Arten wie *Argentinosaurus* („Argentinische Echse") von bis zu weit mehr als 40 Meter Länge hervor bringen sollte. Mit Größenrekorden kann *Ohmdenosaurus* aber selbst nicht aufwarten, ganz im Gegenteil, mit nur 3 bis 4 Meter geschätzter Gesamtlänge gehört er zu den kleinsten Vertretern seiner Sippe. In einigen Merkmalen erinnert der Lias-Sauropode noch an die Dinosauriergruppe, die 30 Millionen Jahre früher den Platz der Sauropoden eingenommen hatte, die Prosauropoden. Leider haben wir keine Ahnung, was zwischen dem Oberen Nor in der Trias und dem Mittleren Toarcium im Jura geschehen ist und wie der Übergang von Prosauropoden wie *Plateosaurus* zu urtümlichen Sauropoden wie *Ohmdenosaurus* vonstatten ging.
Als gesichert kann angenommen werden, dass *Ohmdenosaurus* im Gegensatz zu den Prosauropoden ständig auf vier Beinen ging, denn aus den Proportionen des Schienbeines lässt sich ein offensichtlich sehr kräftiger Körperbau ablesen, der eine zweibeinige Fortbewegungsweise unmöglich machte. Geht man

Modell von Vulcanodon im „JuraPark" in Solec Kujawski (Polen). Foto: Bardrock (via Wikimedia Commons), Lizenz: gemeinfrei (Public domain)

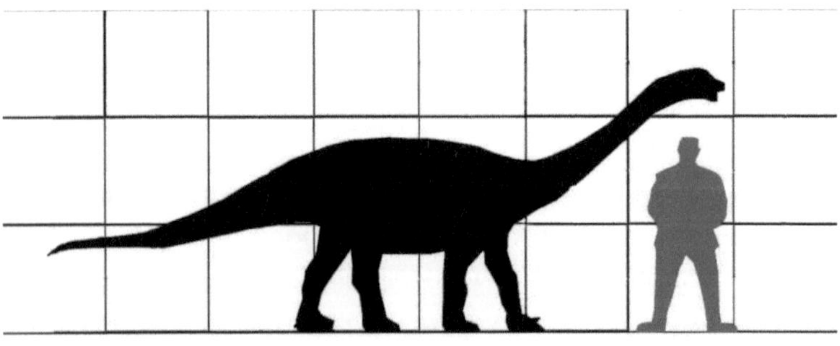

Größenvergleich zwischen Vulcanodon und einem Menschen. Zeichnung: Domser (via Wikimedia Commons), Lizenz: gemeinfrei (Public domain)

von dem 50 Zentimeter hohen Hinterbeinrest aus, würde *Ohmdenosaurus* einem ausgewachsenen Menschen gerade bis zur Hüfte gereicht haben.
1990 hat John S. McIntosh, ein aus Middletown, USA, stammender Spezialist für Sauropoden, *Ohmdenosaurus* in eine Familie sehr primitiver Sauropoden eingereiht, die Vulcanodontidae. Diese sehr ursprünglichen Sauropoden mit dem an Science-Fiction-Figuren erinnernden wissenschaftlichen Namen sind aus Südafrika, Indien und China bekannt und mit *Ohmdenosaurus* nun wahrscheinlich auch aus Deutschland. John S. McIntosh meint, dass das Schienbein von *Ohmdenosaurus* sehr demjenigen von *Vulcanodon* („Vulkan-Zahn") selbst, einem etwa 6,50 Meter langen „Ur-Sauropoden" aus Simbabwe, gleicht, obwohl auch gewisse Unterschiede bestehen, wie sie zwischen zwei Gattungen erwartet werden können. Leider kennt man von keinem der Vulcanodontier Schädel, so dass die Gestalt der Kiefer und die genaue Ernährungsweise im Dunkeln liegen, aber Pflanzenkost erscheint am wahrscheinlichsten. Keinesfalls waren die Vulcanodontidae Fleischfresser, wie ursprünglich angenommen wurde, weil man bei der indischen und der afrikanischen Gattung jeweils gesägte fleischfresserähnliche Zähne gefunden hat. Diese Zähne sind einem Raubtierfußdinosaurier (Theropoden) ausgefallen, als er sich an den Pflanzenfresserkadavern zu schaffen machte.
Wenn auch das, was uns von *Ohmdenosaurus liasicus* fossil erhalten geblieben ist, recht dürftig erscheint, so wissen wir dadurch immerhin, dass in Deutschland zur Zeit des Oberlias urtümliche Kleinsauropoden, Vorläufer der Riesensauropoden, der größten Landwirbeltiere aller Zeiten, gelebt haben.

Bernhard Hauff sen. (1866–1950) im Schieferbruch.
Foto aus der Biographie „Auf steinigem Weg" (2012)
von Rolf Bernhard Hauff
mit freundlicher Genehmigung zur Veröffentlichung

Das Urwelt-Museum Hauff

Das „Urwelt-Museum Hauff" in Holzmaden ging 1936/1937 aus der Privatsammlung des Präparators Bernhard Hauff sen. (1866–1950) hervor. Der Sohn des Steinbruchbesitzers Alwin Hauff wurde bereits in jungen Jahren von seiner Mutter Emma ermuntert, auf die beim Abbau des Schiefers zum Vorschein gekommenen Fossilien zu achten. Bei der Arbeit im Steinbruch seines Vaters gelangten viele Fossilienfunde in seine Hände, die er selbst sorgfältig präparierte. 1892 legte er nach mühevoller Präparation an einem 1,20 Meter langen Fischsaurier den Körperumriss frei. Ab 1906 widmete er sich zusammen mit Gehilfen ganz der Präparation von Fossilien, für die sich weltweit Museen und Sammlungen interessierten. 1921 veröffentlichte er seine wissenschaftliche Arbeit „Untersuchung der Fossilienfundstätten von Holzmaden im Posidonienschiefer des Oberen Lias Württembergs". Hierfür und wegen seiner Verdienste um die Präparation von Fischsauriern mit Weichteilen verlieh ihm die „Universität Tübingen" den Ehrendoktortitel. 1936/1937 errichtete er gemeinsam mit seinem Sohn Bernhard jun. das erste „Museum Hauff".

Bernhard Hauff jun. (1912–1990), das fünfte Kind von Dr. h. c. Bernhard Hauff und seiner Frau Clara, absolvierte 1930/1931 ein Praktikum in der väterlichen Werkstatt und im Schieferbruch. Von 1931 bis 1935 studierte er Geologie in Tübingen, Kiel und München, 1935 promovierte er in Tübingen. 1952 erschien das von ihm verfasste populärwissenschaftliche Holzmadenbuch über Fossilien aus den Posidonienschiefern von Holzmaden. Von 1967 bis 1971 ließ er den Hauptbau des

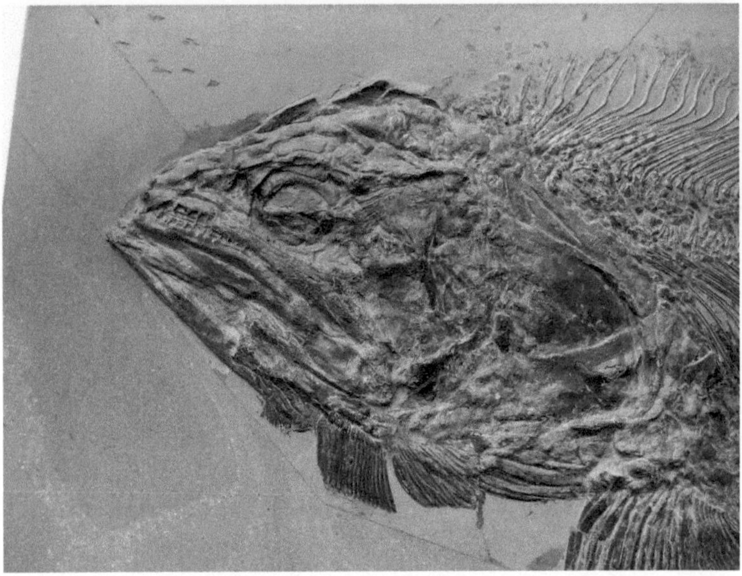

Fisch Pachycormus bollensis im „Urwelt-Museum Hauff", Holzmaden. Foto: Ghedoghedo / CC BY-SA 3.0 (via Wikimedia Commons), lizensiert unter Creative Commons-Lizenz by-sa-3.0, https://creativecommons.org/licenses/by-sa/3.0/legalcode

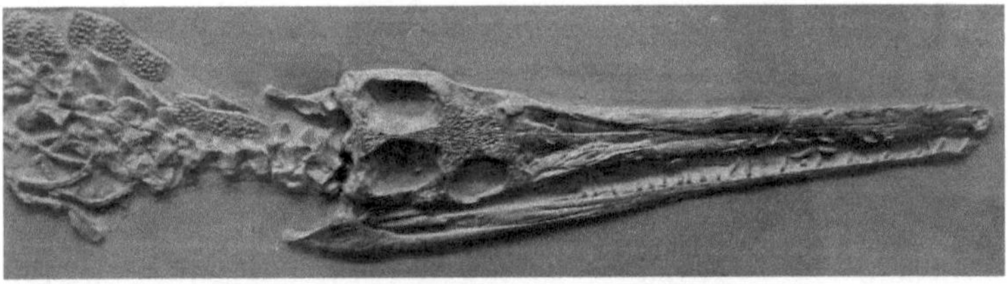

Meereskrokodil Pelagosauurs im „Urwelt-Museum Hauff", Holzmaden. ‚Foto: Ghedoghedo / CC BY-SA 3.0 (via Wikimedia Commons), lizensiert unter Creative Commons-Lizenz by-sa-3.0, https://creativecommons.org/licenses/by-sa/3.0/legalcode

Fischsaurier (Ichthyosaurier) Stenopterygius quadriscissus im „Urwelt-Museum Hauff", Holzmaden.
Foto: NearEMPTiness / CC BY-SA 4.0 (via Wikimedia Commons), lizensiert unter Creative Commons-Lizenz by-sa-4.0, https://creativecommons.org/licenses/by-sa/4.0/legalcode

Pliosaurier Hauffianus zanoni im „Urwelt-Museum Hauff", Holzmaden.
Foto: NearEMPTiness / CC BY-SA 4.0 (via Wikimedia Commons), lizensiert unter Creative Commons-Lizenz by-sa-4.0, https://creativecommons.org/licenses/by-sa/4.0/legalcode

*Seelilie Seirocrinus im „Urwelt-Museum Hauff", Holzmaden.
Foto: Ghedoghedo / CC BY-SA 3.0 (via Wikimedia Commons),
lizensiert unter Creative Commons-Lizenz by-sa-3.0,
https://creativecommons.org/licenses/by-sa/3.0/legalcode*

*Fisch Pholidophorus limbatus im „Urwelt-Museum Hauff", Holzmaden.
Foto: Gheodoghedo / CC BY-SA 3.0 (via Wikimedia Common),
lizensiert unter Creative Commons-Lizenz by-sa-3.0,
https://creativecommons.org/licenses/by-sa/3.0/legalcode*

heutigen Urwelt-Museums errichten. 1985 verlieh ihm der damalige Ministerpräsident Lothar Späth von Baden-Württemberg den Professorentitel.
Der 1953 geborene Rolf Bernhard Hauff, das dritte Kind von Bernhard Hauff jun., studierte ab 1974 Geologie in Tübingen. Er verfasste als Autor und Co-Autor verschiedene wissenschaftliche Publikationen über Fossilien aus dem Schiefer von Holzmaden. Zwischen 1982 und 1990 waren die Präparation von Fossilien und die Verwaltung des Museums seine Hauptaufgaben. 1987 gründete er zusammen mit seinem Vater die „Bernhard Hauff Stiftung gem. GmbH". Ab 1990 leitete Rolf Bernhard Hauff das „Urwelt-Museum Hauff". Von 1990 bis 1993 erweiterte er die Ausstellungsfläche auf 1.000 Quadratmeter zum größten privaten Naturkundemuseums in Deutschland. 2000 kam im Außenbereich des Museums der Dinosaurierpark hinzu.
Das „Urwelt-Museum Hauff" zeigt Originalfunde von Fischsauriern (Ichthyosauriern), Plesiosauriern, Krokodilen, Flugsauriern, Fischen, Seelilien, Ammoniten und Belemniten aus dem Posidonienschiefer der Schwäbischen Alb von Holzmaden und Ohmden sowie naturgetreue Modelle. Zu den Attraktionen gehören die mit 18 mal 6 Metern weltgrößte Kolonie von Seelilien sowie ein fast vier Meter langes Fischsaurier-Muttertier mit einem bereits geborenen Jungtier und fünf Embryonen im Leib.

Stuttgarter Wirbeltierpaläontologe und Saurier-Experte Dr. Rupert Wild mit dem Schädel eines Krokodilsauriers (Nicrosaurus kapffi) von Stuttgart-Heslach.
Foto: Staatliches Museum für Naturkunde, Stuttgart

Saurier-Experte Dr. Rupert Wild

An den Stuttgarter Wirbeltierpaläontologen und Saurier-Experten Dr. Rupert Wild, der als Oberkonservator für Reptilien und Amphibien am „Staatlichen Museum für Naturkunde" in Stuttgart arbeitete, erinnert sich der Wiesbadener Wissenschaftsautor Ernst Probst mit besonderer Dankbarkeit. Denn der Stuttgarter Wissenschaftler begleitete geduldig die ersten journalistischen Gehversuche von Probst über Themen aus der Paläontologie.

Auf der Suche nach einem Gesprächspartner für einen Artikel über Dinosaurier rief Probst 1977 Dr. Wild an, der in jenem Jahr während des Baus der Autobahn Heilbronn-Nürnberg eine Notgrabung bei Kupferzell im Hohenloher Land mit zahlreichen Fossilfunden von Panzerlurchen und frühen Verwandten von Krokodilen geleitet hatte. In der Folgezeit entstanden Artikel für Zeitungen und Zeitschriften über Dinosaurier-Ahnen, riesige Urlurche (*Mastodonsaurus*), „Schwäbische Lindwürmer" (Dinosaurier *Plateosaurus*), Ichthyosaurier (Fischsaurier), Plesiosaurier, Urvögel (*Archaeopteryx*) und sogar über „Nessie", das legendäre „Ungeheuer von Loch Ness". Über „Nessie" erklärte Dr. Wild, dieser könne kein Plesiosaurier sein, da jene Tiere bereits vor mehr als 65 Millionen Jahren ausgestorben sind und es ihnen heute im schottischen Loch Ness zu kalt wäre.

Bei der Entstehung des Buches „Deutschland in der Urzeit" (1986) von Ernst Probst sowie „Dinosaurier in Deutschland" (1993) von Ernst Probst und Raymund Windolf leistete Dr. Wild wertvolle Hilfe.

Skelettt des Urlurchs Mastodonsaurus giganteus im „Staatlichen Museum für Naturkunde", Stuttgart. Foto: Ghedoghedo / CC BY-SA 3.0 (via Wikimedia Commons), lizensiert unter Creative Commons-Lizenz by-sa-3.0, https://creativecommons.org/licenses/by-sa/3.0/legalcode

Lebensbild des Urlurchs Mastodonsaurus aus der Triaszeit. Zeichnung: Dmitry Bogdanov (via Wikimedia Commons), Lizenz: gemeinfrei (Public domain)

Lebensbild des Giraffenhalssauriers Tanystropheus longobardicus.
Diese Rekonstruktion folgt der Auffassung,
Tanystropheus sei kein vollaquatisches Tier,
sondern ein Lauerjäger der Ufer- und Flachwasserzone gewesen.
Zeichnung: Nobu Tamura / http://spinops.blogspot.com /
CC BY-SA 4.0 (via Wikimedia Commons),
lizensiert unter Creative Commons-Lizenz by-sa-4.0,
https://creativecommons.org/licenses/by-sa/4.0/

Flugsaurier Peteinosaurus zambellii aus der Obertriaszeit im „Naturhistorischen Museum Bergamo"
(„Museo Civico di Science Naturali „E. Caffi" Bergamo)
Foto: Ghedoghedo / CC BY-SA 3.0 (via Wikimedia Commons), lizensiert unter Creative Commons-Lizenz by-sa-3.0, https://creativecommons.org/licenses/by-sa/3.0/legalcode

Lebensbild des Flugsauriers Preondactylus aus der Obertriaszeit.
Zeichnung: Nobu Tamura / http://spinops.blogspot.com /
CC BY 3.0 (via Wikimedia Commons),
lizensiert unter Creative Commons-Lizenz by-3.0,
https://creativecommons.org/licenses/by/3.0/

Rupert Heinrich Wild – so der vollständige Name – kam am 27. August 1939 in Aschaffenburg (Unterfranken) zur Welt. Er war das erste der vier Kinder, die aus der ersten Ehe seines Vaters Max Wild hervorgingen. Sein als Lehrer arbeitender Vater wurde 1939 kurz nach der Geburt von Rupert zu Beginn des Zweiten Weltkrieges als Soldat eingezogen und 1942 in Russland schwer verwundet.
Nach Kriegsende lebte die Familie Wild in Kulmbach (Oberfranken), wo die Großeltern wohnten. Dort wuchs Rupert auf und ging zur Schule. Im Alter von elf Jahren erlebte er 1950 den Tod seiner Mutter. Sein Vater heiratete 1952 erneut. Aus der zweiten Ehe stammen zwei weitere Kinder.
Schon als Schüler sammelte Rupert Fossilien im Jura von Kasendorf bei Kulmbach und im Muschelkalk von Untersteinach bei Kulmbach, angeleitet durch seinen Erdkunde-Lehrer an der Oberrealschule Kulmbach und durch Besuche in der „Petrefakten-Sammlung" auf Schloss Banz bei Staffelstein. Später studierte er Geologie und Paläontologie an der Universität Erlangen und promovierte 1971 an der „Universität Zürich" bei Professor Dr. Emil Kuhn-Schnyder (1905–1994) mit einer Doktorarbeit über den Giraffenhalssaurier *Tanystropheus longobardicus*. Dieses bis zu sechs Meter lange Tier besaß einen ungefähr dreieinhalb Meter langen Hals, der aus zwölf bis zu 30 Zentimeter langen Wirbeln besteht. Jungtiere ernährten sich an Land von Insekten, erwachsene Tiere jagten im Meer vor allem Tintenfische und Fische. Über dieses Meeresreptil meinte Wild, es habe Sollbruchstellen in den Schwanzwirbeln gehabt (Autotomie = „Selbstschneidung"), weswegen dieses Tier wie heutige Eidechsen seinen Schwanz abwerfen konnte. Diese Autotomie-Kerben in einigen Schwanzwirbeln von *Tanystropheus* sind nachgewiesen, sogar ein autotomiertes Schwanzende.

Ausgräber Werner Janensch (1878–1969) in Tendaguru (Tansania). Foto: (via Wikimedia Commons), Lizenz: gemeinfrei (Public domain)

In der Schweiz lernte Wild seine spätere Ehefrau Barbara kennen, die er 1974 heiratete und mit der er vier Kinder hat.
In einer seiner ersten paläontologischen Arbeiten beschrieb Dr. Wild den Flugsaurier *Dorygnathus mistelgauensis* (1971) aus Mistelgau bei Bayreuth in Oberfranken, später den nach dem Geologen und Paläontologen Rocco Zambelli (1916–2009) benannten Flugsaurier *Peteinosaurus zambellii* (1978) aus der Lombardei in Italien, den Prosauropoden-Dinosaurier *Ohmdenosaurus liasicus* (1978) aus Ohmden in Baden-Württemberg und den Flugsaurier *Preondactylus buffarinii* (1983) aus dem Preone-Tal bei Udine in Italien. Außerdem benannte er den 1908 von Eberhard Fraas (1862–1915) als *Gigantosaurus* und später nach dem Geologen Gustav Tornier (1859–1938) als *Tornieria* bezeichneten Sauropoden-Dinosaurier aus Tendaguru (Tansania) nach dem Ausgräber Werner Janensch (1878–1969) als *Janenschia.*
1972 war der damals bereits am „Staatlichen Museum für Naturkunde“ in Stuttgart arbeitende Dr. Wild einer der ersten, der die in einer Tongrube in Frick im schweizerischen Kanton Aargau gefundenen Fossilien rasch als Knochen des Dinosauriers *Plateosaurus* identifizierte. 1976 legten dort der Zürcher Präparator Urs Oberli sowie der Meeresbiologe, Paläontologe, Ausgräber und Präparator Ben Papst einen großen Hinterfuß mit Krallen sowie einige Tage später Schädelteile und ein halbes Skelett frei. Die restliche Hälfte war bereits mit dem abgebauten Tongestein zu Backsteinen verarbeitet worden. Im Sommer 1977 folgte eine Grabung, bei der man einen Schädel, mehrere Partien von Wirbeln und große Extremitätenknochen von *Plateosaurus* bergen konnte.
1976 erschien der Prachtband „Wunderwelt im Stein. Fossilien – Zeugen der Urzeit“ von Rudolf Mundlos (1918–1988), an dem Dr. Wild mitarbeitete und für den sein Vater Max viele

Zeichnungen prähistorischer Tiere beisteuerte. Beim Buch „Dinosaurier. Rätselhafte Riesen der Urzeit“ (1983) des britischen Paläontologen Alan Charig fungierte Wild als Übersetzer. Wie erwähnt, leitete Dr. Wild 1977 eine Notgrabung an einer Fundstelle von Panzerlurchen, also Amphibien, und frühen Verwandten von Dinosauriern bei Kupferzell, die beim Autobahnbau zum Vorschein gekommen waren. Bei nahezu 95 Prozent aller Funde dieser Grabung handelt es sich um Skelettreste und Einzelknochen von Amphibien. Vor allem von den Gattungen *Mastodonsaurus* (bis zu fünf Meter lang) und *Plagiosaurus.* Die wissenschaftliche Bezeichnung von *Mastodonsaurus* und *Plagiosaurus* mit der Namensendung „saurus“, also Echse, beruht auf der irrtümlichen Annahme der paläontologischen Wissenschaft des 19. Jahrhunderts, dass diese urzeitlichen Amphibien (als Verwandte von heutigen Fröschen und Lurchtieren) Echsen gewesen seien. Insgesamt hat man bei Kupferzell ungefähr 30.000 Fossilien von Sauriern und Fischen geborgen. Ein bei Kupferzell entdeckter Panzerlurch wurde 1997 zur Erinnerung an den Fundort und an den Ausgräber Dr. Wild von dem Stuttgarter Paläontologen Rainer R. Schoch als *Kupferzellia wildi* bezeichnet.

Der amerikanische Paläontologe Paul S. Sereno und Rupert Wild konnten 1992 beweisen, dass mit dem Raubdinosaurier *Procompsognathus* aus Baden-Württemberg, so wie er bisher angesehen wurde, eine „Chimäre“ vorliegt: Ein Geschöpf, das aus Teilen verschiedener Tiere zusammengesetzt ist. Durch das Auseinanderdividieren der einzelnen Skelettpartien blieb für *Procompsognathus* nur noch der Bereich des hinteren Körpers übrig, die Vorderarme und die zwei Schädel aber gehören in Wirklichkeit zu dem Laufkrokodil *Saltoposuchus connectens.*

Dr. Wild vertritt die Auffassung, dass die Flugsaurier (Pterosaurier) nicht wie die Dinosaurier aus den Archosauriern hervorgegangen sind, sondern sich früher abgezweigt haben. Seine Ansicht wurde später auch von dem Münchner Wirbeltierpaläontologen Peter Wellnhofer und anderen Experten vertreten. Wild rekonstruierte einen hypothetischen, auf Bäumen lebenden, kleinen vierbeinigen Urahn namens *Protopterosaurus*, mit Flughäuten und verlängertem vierten Finger.

2004 ging Dr. Wild in den Ruhestand. Seitdem ist er ehrenamtlicher Mitarbeiter des „Staatlichen Museums für Naturkunde" in Stuttgart. Seit 2005 leitet er die Ortsgruppe Leonberg des „Schwäbischen Heimatbundes". Im September 2019 feierte er seinen 80. Geburtstag.

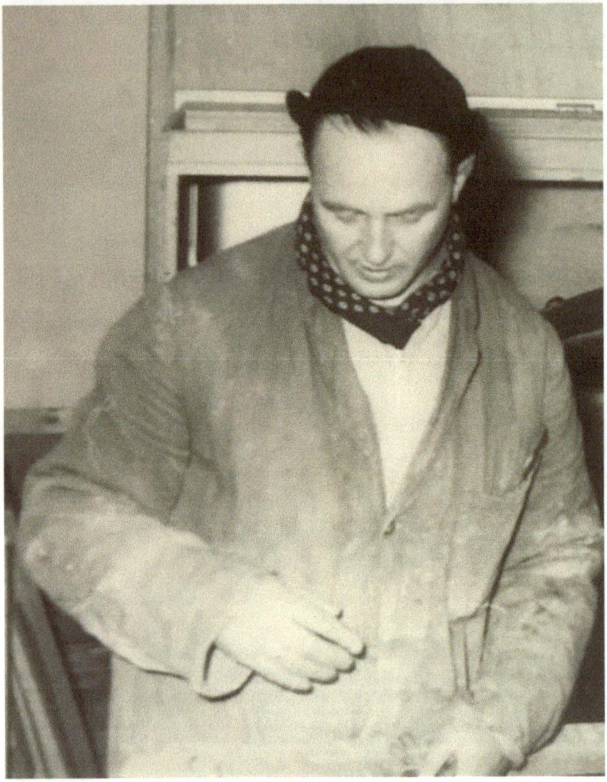

*Kunstmaler und Grafiker Max Wild (1911–2000)
bei der künstlerischen Arbeit.
Foto: Wolfgang Schoberth, Marktleugast*

Urzeit-Illustrator Max Wild

Der in Kulmbach (Oberfranken) lebende Vater von Dr. Wild, der Maler und Grafiker Max Wild (1911–2000), fertigte für Ernst Probst großzügig kostenlos Lebensbilder von Urzeittieren an, die in Zeitungsartikeln erschienen. Max Wild lud Probst und seine Familie zu einem Besuch in sein Haus ein, zeigte dabei seine umfangreiche Sammlung von Fossilien, die er in oberfränkischen Steinbrüchen geborgen hatte, und bewirtete die Gäste mit leckerem Leberkäse und Salat.

Max Wild wurde am 24. Juli 1911 als zweites Kind eines Lehrers und einer Lehrerstochter in Lauenstein bei Ludwigstadt (Kreis Kronach) in Oberfranken geboren. Er besuchte von 1921 bis 1927 in Kronach die Realschule und von 1927 bis 1931 in Hof die Oberrealschule. Ab Sommer 1931 absolvierte er ein Studium des Zeichenlehrfaches an der „Technischen Universität München". Im Frühjahr 1936 schloss er sein Studium mit dem Staatsexamen zum „Studienassessor" und der Gesamtnote „Gut" ab. An der „Landesturnanstalt München" erwarb er zudem die Lehrbefähigung für „Leibesübungen an Höheren Schulen".

Anschließend arbeitete Max Wild als Unterrichtsaushilfe im staatlichen höheren Schuldienst an mehreren bayerischen Schulen, beispielsweise in Nördlingen, Kitzingen, Deggendorf und Donauwörth. Im April 1939 erhielt er eine Stelle als Studienassessor an der Oberschule für Jungen in Aschaffenburg. Zu Beginn des Zweiten Weltkrieges zog man Max Wild 1939 als Soldat ein. Im Juli 1942 erlitt er in Russland eine schwere Verwundung, verlor ein Bein und war frontuntauglich. Danach kommandierte man ihn zuerst in die „Reichsschule für Volksdeutsche" nach Rufach im Elsass ab und überstellte ihn später Anfang 1944 auf eine Planstelle der „Nationalpolitischen Erziehungsanstalt" („NPEA") in den Reichsdienst. Als versehrter Lehrer unterrichtete Wild an den NS-Eliteschulen von Colmar und Baden-Baden. Zum Kriegsende musste er noch an den „Westwall".

Nach Kriegsende geriet Max Wild in französische Kriegsgefangenschaft. Er „verließ diese eigenmächtig" und schlug sich zu seiner mittlerweile bei Verwandten in Kulmbach untergekommenen Familie durch.

Wegen widersprüchlich eingestufter eigenen Angaben in den Fragebögen zum Verfahren in der Spruchkammer des Stadtkreises Kulmbach von 1947 übernahm man Max Wild in den Nachkriegsjahren nicht in den bayerischen Schuldienst. Mehrere Jahre lang hielt er sich und seine Familie als freischaffender Künstler und „Volontär in einer Dekorationsmalerei" über Wasser. Zeitweise arbeitete er für den Unternehmer Franz Itting in Ludwigstadt.

Familienmitglieder von Max Wild mussten in den ersten Nachkriegsjahren mit Kohle- und Bleistiftzeichnungen sowie Rötel-Porträts regelrecht hausieren gehen, um die wirtschaftliche Existenz der Familie in Mangersreuth, später dann in Petzmannsberg, zu sichern. Dies schrieb der Historiker Wolfgang Schoberth aus Marktleugast 2011 anlässlich des 100. Geburtstages von Max Wild in der Kulmbacher Zeitung „Bayerische Rundschau". Kriegsthemen wie „Flüchtlingstreck" wurden damals abgelehnt.

Aus der ersten Ehe von Max Wild gingen vier Kinder hervor. 1950 starb seine erste Frau und er heiratete 1952 erneut. Im Sommer 1952 stand die Geburt eines weiteren Kindes bevor, was die Lage der Familie erschwerte. Dank der Unterstützung durch den damaligen ersten Vizepräsidenten des „Bayerischen Landtages", Mitglied der Verfassungsgebenden Landesversammlung und ehemaligen Kulmbacher Oberbürgermeister Georg Hagen (1887–1958) gelang die Wiedereinstellung von Wild in den bayerischen Schuldienst.

Im Herbst 1955 wurde Max Wild zum Studienrat im Beamtenverhältnis auf Lebenszeit ernannt. Bis 1967 unterrichtete er als Kunsterzieher an der Oberrealschule mit Knabenmittelschule in Bayreuth, dem heutigen Graf-Münster-Gymnasium. Dann wurde der beinamputierte Pädagoge gesundheitsbedingt in den Ruhestand versetzt. „Es folgte eine lange Phase freien künstlerischen Schaffens, die vor allem geprägt war von der wesentlichen Hinwendung zum Aquarell und zu naturalistisch, symbolisch, teils surreal angehauchten, zeitkritischen Zeichnungen und Gemälden". So heißt es auf der von Hans Peter Wild, dem Enkel von Max Wild, betriebenen Internetseite www.max-wild.de.

Anfang der 1970er Jahre waren die Aquarelle von Max Wild, die Landschaften in verschiedenen Jahreszeiten, Pflanzen und Tiere seiner Heimat zeigen, sehr gefragt. Auch mit Intarsienarbeiten, Glasmosaik-Tischen, Gebrauchsgraphiken für Industriebetriebe und Fresken für öffentliche Gebäude war er im Geschäft.

Große Verdienste erwarb sich Max Wild als Hobby-Paläontologe und als anerkannter Illustrator paläontologischer Veröffentlichungen. Kostproben seines Schaffens kann man in dem Buch „Wunderwelt im Stein. Fossilienfunde – Zeugen der Urzeit" (1976) von Rudolf Mundlos (1918–1988) und in der „Bundesanstalt für Fleischforschung" (heute: „Max-Rubner-Institut") in Kulmbach bewundern. In einem Besprechungsraum des

Einige der Saurierbilder, die Max Wild (1911–2000)
in den 1970er und 1980er Jahren
für den Wissenschaftsautor Ernst Probst zeichnete.
Zeichnungen: Privatarchiv Ernst Probst

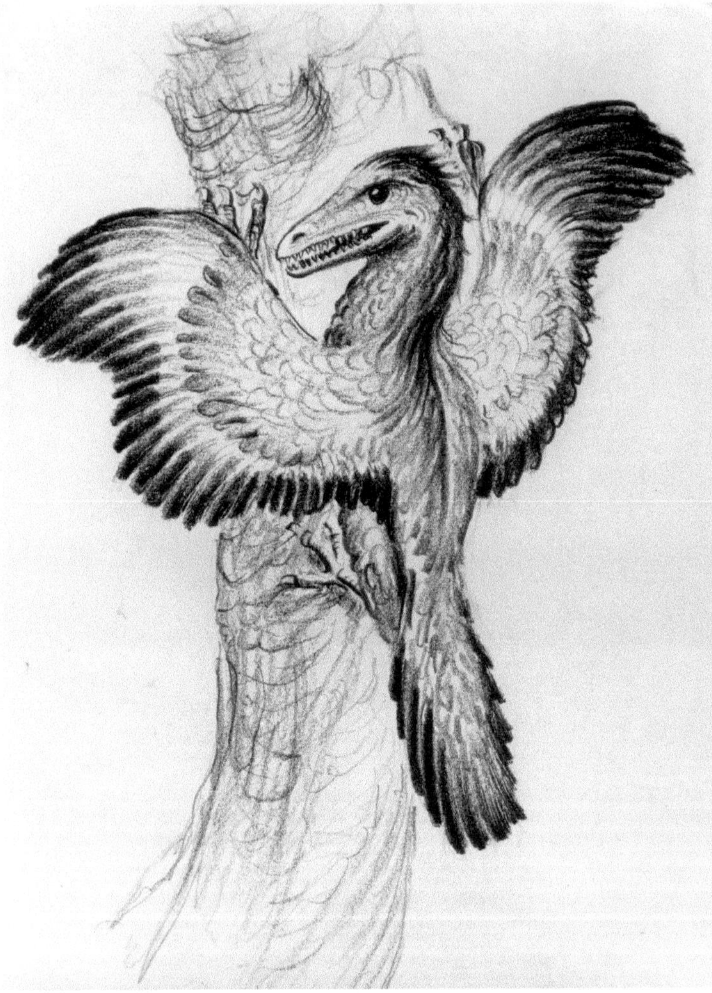

Lebensbilder eines Urvogels (Seite 42), einer Säbelzahnkatze (Seite 43 oben) und eines Bärenhundes (Seite 43 unten), geschaffen von Max Wild in den 1980er Jahren. Zeichnungen: Privatarchiv Ernst Probst

Kunstmaler und Grafiker Max Wild (1911–2000) auf einem Foto, das 1991 in „Künstlerporträt Max Wild zum 80. Geburtstag" erschien. Foto: Wolfgang Schoberth, Marktleugast

Der Kulmbacher Oberbürgermeister Erich Stammberger (1927–2004) gratuliert Max Wild zum 80. Geburtstag.
Foto: Wolfgang Schoberth, Marktleugast

Kunstmaler und Grafiker Max Wild (1911–2000).
Foto: Privatarchiv Hans Peter Wild, Bayreuth,
www.max-wild.de

Instituts befindet sich eine Holzwand mit Intarsien-Arbeiten von Max Wild, die Fossilienfunde darstellen. Seine Fossiliensammlung verkaufte er 1988 dem „Staatlichen Museum für Naturkunde", Stuttgart, dem er auch seine selbst angefertigten Saurierbilder stiftete.
Für sein vielseitiges, von handwerklichem Können geprägtes künstlerisches Werk und seine Bedeutung für Kulmbach und Umgebung erhielt Max Wild 1988 den „Kulturpreis des Landkreises Kulmbach.
„Mensch und Maler im Meer der Zeit", so überschrieb der Kulmbacher Journalist Thomas Lange 1991 die einfühlsame Würdigung im „Künstlerporträt Max Wild zum 80. Geburtstag". Damals präsentierte der Kunstmaler und Grafiker in einer vom Kulmbacher Kunstverein arrangierten Ausstellung eindrucksvolle Werke aus den Jahren 1990 und 1991. Die Aquarelle und Bilder in Mischtechnik zeigten vor allem Landschaften, in denen Wild – laut Thomas Lange – jener Urwelt nachspürte, welche die erlebte Natur zum Teil eines ewigen Kreislaufs machte, zum Glied in einer endlosen Kette von Wachstum, Verfall und neuem Leben.
Am Sonntag, 26. März 2000, starb Max Wild im Alter von 88 Jahren an den Folgen eines schweren Schlaganfalles. Seine letzte Ruhe fand er im Zentrum des Stadtfriedhofs Kulmbach, dessen Kapelle mit Buntglasfenstern von ihm gestaltet wurde.

Wirbelknochen eines mittelgroßen Raubdinosauriers aus dem Unteren Jura, der in Ahrensburg (Schleswig-Holstein) unweit von Hamburg gefunden wurde.
Foto: Institut für Geologie und Paläontologie der Universität Hamburg, Fotograf Hans-Jürgen Lierl

Raubdinosaurier bei Ahrensburg

Zu den seltenen Funden von Dinosauriern aus der Unterkreidezeit in Deutschland gehört der mutmaßliche Wirbelknochen eines Raubdinosauriers aus der Gegend von Ahrensburg (Schleswig-Holstein). Über dieses Fossil hat 1993 das Buch „Dinosaurier in Deutschland" von Ernst Probst und Raymund Windolf kurz berichtet.

Drei Jahre vor seinem Tod am 4. April 1969 erschien 1966 einer der letzten wissenschaftlichen Aufsätze des zeitlebens so kreativen Tübinger Saurier-Experten Friedrich von Huene (1875–1969). In ihm beschäftigte er sich mit einem Fossil, das ihm Professor Ulrich Lehmann (1916–2003) von der Universität Hamburg zur Begutachtung geschickt hatte.

In einer braun-orange gefärbten, abgerundeten Gesteinsknolle war ein dunkler Knochen entdeckt worden. Die Kiesgrube, aus der er kam, liegt im Forst Hagen bei Ahrensburg, nahe am nordöstlichen Stadtrand von Hamburg. Noch heute ist sie für ihre Fossilien aus der Unterjurazeit bekannt. Die sogenannten „Ahrensburger Liaskugeln" enthalten sowohl fossile Tiere als auch Pflanzen aus dieser Zeit: Ammoniten, Fische, Schnecken, Muscheln, auch Hautzähnchen von Haien oder Knochen von Meeresreptilien, zum Beispiel von Plesiosauriern oder Fischsauriern, wurden schon entdeckt. Dies alles sind Reste mariner, also meeresbewohnender Tiere. Bisweilen gesellten sich aber auch Funde fossiler Landpflanzen wie Schachtelhalm oder Zapfen und Äste von Araukarien dazu, die nahe legten, dass damals, zur Zeit des Lias im Toarcium, vor etwa 190 Millionen Jahren, auch Land in der Nähe gewesen sein musste. Dieses existierte im Norden als „Baltischer Schild", von dessen

Auf den kräftigen Hinterbeinen laufend und mit scharfen Zahnreihen ausgestattet: so könnte der Raubdinosaurier ausgesehen haben, von dem der Wirbelknochen aus Ahrensburg stammt. Zeichnung aus: „Dinosaurier in Deutschland" (1993) von Ernst Probst und Raymund Windolf (1953-2010)

Tübinger Saurier-Experte Friedrich von Huene (1875–1969). Foto: Eberhard-Karls-Universität Tübingen, Institut und Museum für Geologie und Paläontologie

Küsten die Pflanzen und nun auch – wie Friedrich von Huene herausfand – der dunkle Knochen stammen musste.
Huene ließ durch den Knochen hindurch einen Schnitt anlegen und kam zu dem Schluss, dass es sich um den Wirbel eines Dinosauriers handeln müsse, genauer gesagt um den Wirbel eines fleischfressenden Dinosauriers von mittlerer Größe. Wie fast alle anderen Reste, die man in Deutschland von größeren Raubdinosauriern gefunden hat, wurde auch dieser Knochen einem Megalosaurier zugerechnet. Es ist aber sehr unwahrscheinlich, dass die Gattung *Megalosaurus* vom Anfang der Jurazeit bis in die tiefe Kreidezeit gelebt haben soll.
Heute beurteilt man die Einschätzung von Friedrich von Huene kritisch, da der Wirbel nicht sehr gut erhalten ist und deswegen nur sehr bedingt auf die Identität des dazugehörigen Tieres geschlossen werden kann. Immerhin besteht die Wahrscheinlichkeit, dass zur ausgehenden Unterjurazeit auf dem nördlich gelegenen Festland derartige mittelgroße Raubdinosaurier gelebt haben. Sicher könnten neue Funde darüber bessere Auskunft geben als dieser Wirbelknochen aus dem Ahrensburger Lias.

Frankfurter Paläontologe Hermann von Meyer (1801–1869):
Bild: Lithographie von C. J. Allemagne von 1837

Dinosaurier in Deutschland

1834: Entdeckung des ersten Dinosauriers *(Plateosaurus engelhardti)* in Franken
1837: Hermann von Meyer beschreibt *Plateosaurus engelhardti* aus Franken
um 1840: Wilhelm Dunker entdeckt bei Obernkirchen (Niedersachsen) einen Zahn des Leguanzahndinosauriers *Iguanodon*
1857: Hermann von Meyer beschreibt *Stenopelix valdensis* aus den Bückebergen (Niedersachsen)
1859: Andreas Wagner beschreibt *Compsognathus longipes* aus Kelheim oder Jachenhausen bei Riedenburg (Bayern)
1861: Hermann von Meyer bezeichnet eine 1860 in Solnhofen entdeckte Feder als *Archaeopteryx lithographica.* 1861 findet man bei Langenaltheim das erste Skelettexemplar eines Urvogels, den man ebenfalls *Archaeopteryx* zurechnet. *Archaeopteryx* gilt heute als Raubdinosaurier.
1879–1881: Erste Fährtenfunde in den Bückebergen und den Rehburger Bergen (Niedersachsen)
1904: Erste Knochenfunde in Trossingen (Baden-Württemberg)
1908: Friedrich von Huene beschreibt *Sellosaurus gracilis* (heute: *Plateosaurus gracilis) und Halticosaurus longotarsus* (heute: *Liliensternus liliensterni)*
1909: *Procompsognathus* wird am Nordhang des Stromberges bei Pfaffenhofen (Baden-Württemberg) entdeckt;
der Schüler Hermann Weiß entdeckt Plateosaurierknochen in Trossingen;

Stuttgarter Paläontologe Eberhard Fraas (1862–1915).
Foto: (via Wikimedia Commons),
Lizenz: gemeinfrei (Public domain)

erste Dinosaurierskelettfunde in Halberstadt (Sachsen-Anhalt)
1910: Die Grabungen in Halberstadt beginnen
1911: Wichtige Fährtenfunde im Keuper Württembergs
1911–1912: Erste Trossinger Grabung
1913: Eberhard Fraas beschreibt *Procompsognathus triassicus* vom Nordhang des Stromberges bei Pfaffenhofen (Baden-Württemberg)
1921: Die Barkhausener Dinosaurierfährten (Niedersachsen) werden entdeckt
1921–1923: Zweite Trossinger Grabung
1932: Dritte Trossinger Grabung. Bei insgesamt sechs Grabungen werden Reste von fast 100 Plateosauriern geborgen
1932/1933: Hugo Rühle von Lilienstern gräbt am Großen Gleichberg in Thüringen zwei Skelette von *Plateosaurus* und zwei weitere von *Liliensternus* (früher *Halticosaurus*) aus
1934: Willi Weiss entdeckt in Franken die Fährte *Coelurosaurichnus schlauersbachensis*
1948: Die Fährte *Coelurosaurichnus (Dinosaurichnium) moeni* wird beschrieben
1950: Karl Beurlen beschreibt die Fährte *Coelurosaurichnus kehli;*
Kurt Rehnelt beschreibt die Fährten *Coelurosaurichnus schlehenbergensis* und *Coelurosaurichnus kronbergeri;*
1952: Florian Heller beschreibt die Fährte *Coelurosaurichnus metzneri* die ab 1986 der Fährtengattung *Atreipus* zugerechnet wird
1958: Oskar Kuhn beschreibt zwei Dinosaurierfährten aus Franken: *Coelurosaurichnus ziegelangerensis* und *Coelurosaurichnus sassendorfensis*
1963: Der gepanzerte Dinosaurier *Emausaurus* wird in einer

Tongrube bei Greifswald (Mecklenburg-Vorpommern) entdeckt
1975: Erste Dinosaurierknochen aus Nehden bei Brilon (Nordrhein-Westfalen) tauchen auf
1978: Rupert Wild beschreibt *Ohmdenosaurus liasicus* aus der Gegend von Ohmden (Baden-Württemberg)
1979: Die Münchehagener Dinosaurierfährten werden entdeckt
1979–1982: Ausgrabungen in Nehden mit großartigen Funden der Leguanzahndinosaurier *Iguanodon atherfieldensis* und *Iguanodon bernissartensis*
1982: Im Wiehengebirge (Nordrhein-Westfalen) wird ein vermeintliches Schwanzstachelfragment des Stegosauriers *Lexovisaurus* entdeckt, das 2010 als Rest des Riesenfisches *Leedsichthys* identifiziert wird;
Kurt Rehnelt beschreibt die Fährte *Coelurosaurichnus arntzeniusi*
1988: Im Stromberg bei Pfaffenhofen (Baden-Württemberg) kommt die Fährte eines *Procompsognathus* ähnelnden Raubdinosauriers samt Hautabdruck zum Vorschein
1989: In Baden-Württemberg wird anhand einer Fährte ein weiterer Raubtierfußdinosaurier (Theropode) nachgewiesen, der *Syntarsus* gleicht
1990: Der gepanzerte Dinosaurier *Emausaurus ernsti* aus einer Tongrube bei Greifswald (Mecklenburg-Vorpommern) wird von Hartmut Haubold beschrieben
1991: Neue Fährtenfunde eines großen Raubtierfuß-dinosauriers in Baden-Württemberg
2004: Bei Grabungen in einem Steinbruch bei Balve im Hönnetal im nördlichen Sauerland (Nordrhein-Westfalen) werden Knochen und Zähne von Dinosauriern geborgen
2004: In Münchehagen (Niedersachsen) werden nahe der

1979 entdeckten alten Fundstelle weitere Dinosaurierfährten gefunden
2006: P. Martin Sander, Octávio Mateus, Thomas Laven und Nils Knötschke beschreiben den Elefantenfußdinosaurier *Europasaurus holgeri* aus dem Kalksteinbruch Langenberg bei Göttingerode (Niedersachsen). Der Artname erinnert an den Entdecker Holger Lüdtke
2006: Ursula B. Göhlich und Louis M. Chiappe beschreiben den 1998 in Schamhaupten bei Eichstätt (Bayern) entdeckten Raubdinosaurier *Juravenator starki*
2007: Die Dinosaurierfährten von Obernkirchen (Niedersachsen) werden entdeckt
2012: Oliver Rauhut, Christian Foth, Helmut Tischlinger und Mark A. Norell beschreiben den 2009 oder 2010 bei Painten unweit von Kelheim (Bayern) ausgegrabenen Raubdinosaurier *Sciurumimus albersdoerferi*
2016: Oliver Rauhut, Tom R. Hübner und Klaus-Peter Lanser beschreiben den 1998 von dem Geologen Friedrich Albat im Wiehengebirge bei Minden (Nordrhein-Westfalen) entdeckten Raubdinosaurier *Wiehenvenator albati*
2017: Oliver Rauhut und Christian Foth identifizieren ein 1855 in Jachenhausen bei Riedenburg (Bayern) geborgenes Fossil als Raubdinosaurier und nennen es *Ostromia crassipes*. Vorher galt dieser Fund, der im „Teylers Museum" in Haarlem (Niederlande) aufbewahrt wird, als Urvogel-Rest.
2022: Ingmar Werneburg und Omar Regalado Fernandez beschrieben eine 1922 von Friedrich von Huene bei Trossingen entdeckte, *Plateosaurus* zugeschriebene und in der Paläontologischen Sammlung der Universität Tübingen aufbewahrte Hüfte als neue Gattung und Art namens *Tuebingosaurus maierfritzorum*.

Literatur

DINODATA.DE: *Ohmdenosaurus liasicus* http://dinodata.de/animals/dinosaurs/pages_o/ohmdenosaurus.php

HAUBOLD, Hartmut (1990): Ein neuer Dinosaurier (Ornithischia), Thyreophora) aus dem Unteren Jura des nördlichen Mitteleurpa. In: *Revue des Palébiologie,* (9) 1, S. 149–177.

HAUFF, Rolf Bernhard (1997): Urwelt-Museum Hauff. Leben im Jurameer, Holzmaden.

HAUFF, Rolf Bernhard (2012): Auf steinigem Weg, Kirchheim unter Teck.

HUENE, Friedrich von (1966): Ein Megalosauriden-Wirbel des Lias aus norddeutschem Geschiebe. In: *Neues Jahrbuch für Geologie und Paläontologie,* Monatshefte, 5, S. 318–319.

LANGE, Thomas (1991): Mensch und Maler im Meer der Zeit. In: Künstlerporträt Max Wild zum 80. Geburtstag. Ausstellung „Arbeiten 1989–1991“, Kulmbach.

MAX WILD – Kunstmaler – Kulmbach, Lauenstein bei Ludwigsstadt – 1911–2000. www.maxwild.de

PROBST, Ernst (1986): Deutschland in der Urzeit. Von der Entstehung des Lebens bis zum Ende der Eiszeit, C. Bertelsmann, München.

PROBST, Ernst (2010): Dinosaurier von A bis K. Von Abelisaurus bis Kritosaurus, GRIN, München.

PROBST, Ernst (2010): Dinosaurier von L bis Z. Von Labocania bis Zupaysaurus, GRIN, München.

PROBST, Ernst / WINDOLF, Raymund (1993): Dinosaurier

in Deutschland, C. Bertelsmann, München.
SCHOBERT, Wolfgang /2011): Maler-Genie und Routinier. Der Kunstmaler Max Wild, dessen Geburtstag sich morgen zum 100. Mal jährt, wurde nach erbärmlichen Nachkriegsjahren zum erfolgreichsten Künstler der Region. In: Bayerische Rundschau, 23. Juli 2011, Kulmbach.
URWELT-MUSEUM HAUFF
https://www.urweltmuseum.de/hauff/
WEISHAMPEL, David B. / DODSON, Peter / OSMOLSKA, Halszka (1990): The Dinosauria. University of California Press, Berkeley Ca.
WIKIPEDIA (Online-Lexikon): *Ohmdenosaurus*
https://de.wikipedia.org/wiki/Ohmdenosaurus
WIKIPEDIA (Online-Lexikon) Ulrich Lehmann (Paläontologe). https://de.wikipedia.org/wiki/Ulrich_Lehmann_(Pal%C3%A4ontologe)
WIKIPEDIA (Online-Lexikon): Urwelt-Museum Hauff
https://de.wikipedia.org/wiki/Urwelt-Museum_Hauff
WILD, Rupert (1971): *Tanystropheus longobardicus*, Bassani: neue Ergebnisse, Dissertation, Universität Zürich.
WILD, Rupert (1978): Ein Sauropoden-Rest (Reptilia, Saurischia) aus dem Posidonienschiefer (Lias, Toarcium) von Holzmaden. In: Stuttgarter Beiträge zur Naturkunde, Serie B: Geologie und Paläontologie, Nr. 41, Staatliches Museum für Naturkunde, Stuttgart 1978.
WILD, Rupert (1980): Die Saurierfunde von Kupferzell, Schwäbische Heimat, 31, S. 110–117.
WINDOLF, Raymund (1989): Dinosaurier-Lexikon. Das aktuelle Wissen über die Dinosaurier, von ihren Anfängen bis zum Aussterben, Goldschneck-Verlag Werner K. Weidert, Korb.

Die Autoren

Ernst Probst, 1946 in Neunburg vorm Wald (Oberpfalz) geboren, war von 1973 bis 2001 verantwortlicher Redakteur bei der „Allgemeinen Zeitung“ in Mainz und betätigte sich in seiner Freizeit als Wissenschaftsautor. Ab 1977 beschäftigte er sich mit der Erdgeschichte Deutschlands, zunächst als Fossiliensammler im Mainzer Becken, später als Verfasser von Artikeln für Tages- und Wochenzeitungen in Deutschland, Österreich und der Schweiz. Die „Welt“ nannte sein 1986 erschienenes Buch „Deutschland in der Urzeit“ ein „Glanzstück deutscher Wissenschaftspublizistik“. Bis heute veröffentlichte er mehr als 300 Bücher, Taschenbücher und Broschüren aus den Themenbereichen Paläontologie, Kryptozoologie, Archäologie und Geschichte.

Raymund Windolf, geboren 1953 in München, gestorben 2010 in Rott/Lech, interessierte sich bereits als Sechsjähriger für Dinosaurier. Sein Berufsleben begann er mit einer Ausbildung zum Wetterdiensttechniker (Wetterbeobachter). Von 1975 bis 1983 arbeitete er beim „Deutschen Wetterdienst". Mit ideeller und finanzieller Unterstützung seiner Ehefrau Regina Cossmann studierte er danach Zoologie, Botanik und Paläontologie. Zeitweise war er Herausgeber der Zeitschrift „Dinosaurier-Magazin". 1989 veröffentlichte er das „Dinosaurier-Lexikon" und 1993 zusammen mit Ernst Probst das Buch „Dinosaurier in Deutschland". Während seiner Tätigkeit für den „Dinopark Münchehagen" war er ab 1998 an der Bearbeitung von Dinosaurierfunden aus Niedersachsen beteiligt.

Bücher von Ernst Probst

(Auswahl)

Als Mainz noch nicht am Rhein lag
Der Europäische Jaguar
Der Mosbacher Löwe. Die riesige Raubkatze aus Wiesbaden
Der Rhein-Elefant. Das Schreckenstier von Eppelsheim
Der Ur-Rhein. Rheinhessen vor zehn Millionen Jahren
Deutschland im Eiszeitalter
Deutschland in der Frühbronzezeit
Deutschland in der Mittelbronzezeit
Deutschland in der Spätbronzezeit
Die Aunjetitzer Kultur in Deutschland
Die Straubinger Kultur in Deutschland
Die Singener Gruppe
Die Arbon-Kultur in Deutschland
Die Ries-Gruppe und die Neckar-Gruppe
Die Adlerberg-Kultur
Der Sögel-Wohlde-Kreis
Die nordische Bronzezeit in Deutschland
Die Hügelgräber-Kultur in Deutschland
Die ältere Bronzezeit in Nordrhein-Westfalen
Die Bronzezeit in der Lüneburger Heide
Die Stader Gruppe
Die Oldenburg-emsländische Gruppe
Die Urnenfelder-Kultur in Deutschland
Die ältere Niederrheinische Grabhügel-Kultur
Die Unstrut-Gruppe
Die Helmsdorfer Gruppe
Die Saalemündungs-Gruppe

Die Lausitzer Kultur in Deutschland
Die Dolchzahnkatze Megantereon
Die Dolchzahnkatze Smilodon
Die Säbelzahnkatze Homotherium
Die Säbelzahnkatze Machairodus
Die Schweiz in der Frühbronzezeit
Die Rhône-Kultur in der Westschweiz
Die Arbon-Kultur in der Schweiz
Die Schweiz in der Mittelbronzezeit
Die Schweiz in der Spätbronzezeit
Deutschland in der Urzeit. Von der Entstehung des Lebens bis zum Ende der Eiszeit
Deutschland in der Steinzeit. Jäger, Fischer und Bauern zwischen Nordseeküste und Alpenraum
Deutschland in der Bronzezeit. Bauern, Bronzegießer und Burgherren zwischen Nordsee und Alpen
Dinosaurier in Deutschland (zusammen mit Raymund Windolf)
Dinosaurier von A bis K. Von Abelisaurus bis zu Kritosaurus
Dinosaurier von L bis Z. Von Labocania bis zu Zupaysaurus
Dinosaurier in Bayern. Von Cetiosauriscus bis zu Sciurumimus
Der rätselhafte Spinosaurus. Leben und Werk des Forschers Ernst Stromer von Reichenbach
Compsognathus. Der Zwergdinosaurier aus Bayern
Plateosaurus. Der Deutsche Lindwurm
Liliensternus. Ein Raubdinosaurier aus der Triaszeit
Raubdinosaurier in Bayern. Von Archaeopteryx bis zu Sciurumimus
Flugsaurier in Deutschland. Von Dorygnathus bis zu Targaryendraco

Eiszeitliche Geparde in Deutschland
Eiszeitliche Leoparden in Deutschland
Höhlenlöwen. Raubkatzen im Eiszeitalter
Johann Jakob Kaup. Der große Naturforscher aus
Darmstadt
Monstern auf der Spur. Wie die Sagen über Drachen,
Riesen
und Einhörner entstanden
Neues vom Ur-Rhein. Interview mit dem Geologen und
Paläontologen Dr. Jens Sommer
Österreich in der Frühbronzezeit
Österreich in der Mittelbronzezeit
Österreich in der Spätbronzezeit
Raub-Dinosaurier von A bis Z. Mit Zeichnungen von
Dmitry Bogdanav und Nobu Tamura
Rekorde der Urmenschen. Erfindungen, Kunst und Religion
Rekorde der Urzeit. Landschaften, Pflanzen und Tiere
Säbelzahnkatzen. Von Machairodus bis zu Smilodon
Säbelzahntiger am Ur-Rhein. Machairodus und
Paramachairodus
Was ist ein Menhir? Interview mit dem Mainzer Archäologen
Dr. Detert Zylmann
Wer ist der kleinste Dinosaurier? Interviews mit dem
Wissenschaftsautor Ernst Probst
Wer war der Stammvater der Insekten? Interview mit dem
Stuttgarter Biologen und Paläontologen Dr. Günther Bechly
Kastel in der Vorzeit. Von der Jungsteinzeit bis Christi
Geburt
Kostheim in der Vorzeit. Von der Jungsteinzeit bis Christi
Geburt
Die Altsteinzeit. Eine Periode der Steinzeit in Europa vor
etwa 1.000.000 bis 10.000 Jahren

Anno. 1.000.000. Deutschland in der älteren Altsteinzeit
Wiesbaden in der Steinzeit. Von Eiszeit-Jägern bis zu frühen Bauern
Mainz in der Steinzeit. Von Eiszeit-Jägern bis zu frühen Bauern
Österreich in der Altsteinzeit. Vor 250.000 bis 10.000 Jahren
Das Protoacheuléen. Eine Kulturstufe der Altsteinzeit vor etwa 1,2 Millionen bis 600.000 Jahren
Das Altacheuléen. Eine Kulturstufe der Altsteinzeit vor etwa 600.000 bis 350.000 Jahren
Das Jungacheuléen. Eine Kulturstufe der Altsteinzeit vor etwa 350.000 bis 150.000 Jahren
Das Moustérien. Die große Zeit der Neanderthaler
Das Moustérien in Österreich. Eine Kulturstufe der Altsteinzeit
Das Aurignacien. Eine Kulturstufe der Altsteinzeit vor etwa 40.000 bis 31.000 Jahren
Das Gravettien. Eine Kulturstufe der Altsteinzeit vor etwa 35.000 bis 24.000 Jahren
Das Magdalénien. Eine Kultustufe der Altsteinzeit vor etwa 18.000 bis 14.000 Jahren
Die Hamburger Kultur. Eine Kulturstufe der Altsteinzeit vor etwa 15.700 bis 14.200 Jahren
Die Federmesser-Gruppen. Eine Kulturstufe der Altsteinzeit vor etwa 14.000 bis 12.800 Jahren
Das Steinzeit-Grab von Bonn-Oberkassel. Ein rätselhafter Fund aus der Zeit der Federmesser-Gruppen
Die Ahrensburger Kultur. Eine Kulturstufe der Altsteinzeit vor etwa 12.700 bis 11.650 Jahren
Die Mittelsteinzeit. Eine Periode der Steinzeit vor etwa 8.000 bis 5.000 v. Chr.

Deutschland in der Mittelsteinzeit
Die Mittelsteinzeit in Baden-Württemberg
Die Mittelsteinzeit in Bayern
Die Mittelsteinzeit in Hessen
Die Mittelsteinzeit in Niedersachsen
Die Mittelsteinzeit in Rheinland-Pfalz
Die Mittelsteinzeit in Nordrhein-Westfalen
Die Mittelsteinzeit in Thüringen, Sachsen-Anhalt, Sachsen und im südlichen Brandenburg
Die Mittelsteinzeit in Schleswig-Holstein, Mecklenburg und im nördlichen Brandenburg
Die Jungsteinzeit. Eine Periode der Steinzeit vor etwa 5.500 bis 2.300 v. Chr.
Die ersten Bauern in Deutschland. Die Linienband-keramische Kultur (5.500 bis 4.900 v. Chr.)
Die Ertebölle-Ellerbek-Kultur. Eine Kultur der Jungsteinzeit vor etwa 5.000 bis 4.300 v. Chr.
Die Stichbandkeramik. Eine Kultur der Jungsteinzeit vor etwa 4.900 bis 4.500 v. Chr.
Die Hinkelstein-Gruppe. Eine Kulturstufe der Jungsteinzeit vor etwa 4.900 bis 4.800 v. Chr.
Die Rössener Kultur. Eine Kultur der Jungsteinzeit vor etwa 4.600 bis 4.300 v. Chr.
Die Baalberger Kultur. Eine Kultur der Jungsteinzeit vor etwa 4.300 bis 3.700 v. Chr.
Die Michelsberger Kultur. Eine Kultur der Jungsteinzeit vor etwa 4.300 bis 3.500 v. Chr.
Die Kupferzeit. Wie die ersten Metalle in Mitteleuropa bekannt wurden
Pfahlbauten in Süddeutschland. Dörfer der Jungsteinzeit und Bronzezeit an Seen, Mooren und Flüssen
Die Salzmünder Kultur. Eine Kultur der Jungsteinzeit vor

etwa 3.700 bis 3.200 v. Chr.
Die Wartberg-Kultur. Eine Kultur der Jungsteinzeit vor etwa 3.500 bis 2.800 v. Chr.
Die Chamer Gruppe. Eine Kulturstufe der Jungsteinzeit vor etwa 3.500 bis 2.700 v. Chr.
Die Walternienburg-Bernburger Kultur. Eine Kultur der Jungsteinzeit vor etwa 3.200 bis 2.800 v. Chr.
Die Kugelamphoren-Kultur. Eine Kultur der Jungsteinzeit vor etwa 3.100 bis 2.700 v. Chr.
Die Schnurkeramischen Kulturen. Kulturen der Jungsteinzeit vor etwa 2.800 bis 2.400 v. Chr.
Die Glockenbecher-Kultur. Eine Kultur der Jungsteinzeit vor etwa 2.500 bis 2.200 v. Chr.
Große Kometen. Schweifsterne in Wort und Bild
Meteoriten. Die wichtigsten Funde und Krater